自然灾害 知识绘本

揭秘洪水

海水焰◎著　田　野◎绘

吉林科学技术出版社

进入夏天后，天气越来越热，一直不下雨。当乌云翻滚而来，大人小孩都盼着来一场大雨，好凉快凉快。

不能走低洼的
小路，走地势高的
大路比较安全。

大雨急吼吼地来了，一直下一直下，
小路都变成小河了。

4

8

驾车遇到洪水

不要试图穿越被雨水淹没、路况不明的路段。车辆如果在水中熄火，应立即弃车，徒步到安全路面。

车辆进水的自救方式

1. 如果水已淹过半个车轮，且仍有上涨趋势，应快速打开车门逃生。

2. 如果水已经淹过车门，导致车门无法打开，要在车辆还没断电前，快速摇下车窗，迅速从车窗或天窗逃生。

3. 如果无法打开车窗，用安全锤、破窗器敲击车窗四角，或将座椅头枕拔出，利用头枕杆破窗逃生。

4. 如果车辆后备厢设有逃生拉环，快速把后排座椅放倒，拉动拉环，打开后备厢逃生。

落水后的自救方式

1. 屏气并捏住鼻子，不要大喊大叫，避免呛水。

2. 若积水不深，应马上走出积水区域。如果积水较深，会游泳的，应向距离最近、容易上岸的地方游。如果游泳过程中下肢抽筋，可握住抽筋腿的脚趾向身体方向持续用力拉伸，直到剧痛消失。

3. 如果不会游泳，应立即将头向后仰，脸部朝上，让口鼻露出水面，双脚交替向下踩水，手掌配合双脚踩水节奏拍击水面，尽可能地让身体浮出水面；然后抓住木板、家具、树枝等漂浮物，并用脚踩水，用手掌划水，移动到相对安全的地方，等待救援。

4. 在洪水中要注意及时躲避旋涡及石块等，避免受伤。

持续降雨　近期全国共 21 条河流发生超警以上洪水

不停课
防暴雨

政府及相关部门按照职责做好防暴雨准备工作；学校、幼儿园保证儿童安全；开车注意道路积水和交通拥堵；检查城市、农田、鱼塘等的排水系统，准备排涝。

≥50mm
12小时

暴雨蓝色预警信号

预警12379

停课 防暴雨应急响应
抢险救灾

政府及相关部门按照职责做好防暴雨应急和抢险工作；停止集会、停课、停业（除特殊行业外）；做好山洪、滑坡、泥石流等灾害的防御和抢险工作。

暴雨红色预警信号

≥100mm
3小时

防汛应急响应级别

高 ← ↑ Ⅰ级
　　　　Ⅱ级
　　　　Ⅲ级
低 ←　　Ⅳ级

12小时

3小时

3小时

6小时

不停课
防暴雨

政府及相关部门按照职责做好防暴雨应急工作；交通管理部门根据路况在强降雨路段采取交通管制措施，在积水路段实行交通引导；切断低洼地带有危险的室外电源，暂停在空旷地方的户外作业，转移危险地带人员和危房居民到安全场所避雨；检查城市、农田、鱼塘等的排水系统，采取必要的排涝措施。

暴雨黄色预警信号

≥50mm
6小时

部分停课
防暴雨应急响应

政府及相关部门按照职责做好防暴雨应急工作；切断有危险的室外电源，暂停户外作业；处于危险地带的单位应当停课、停业，保护已到校学生、幼儿和其他人员的安全；做好城市、农田的排涝，注意防范可能引发的山洪、滑坡、泥石流等灾害。

暴雨橙色预警信号

≥50mm
3小时

国家防汛抗旱总指挥部提升防汛应急响应等级，发布暴雨橙色预警信号，防汛应急响应提升至Ⅲ级

远离地势低洼，有建筑倒塌和触电危险的地方：

1. 危房及高墙等；
2. 雨水淹没的下水道口、下凹式立交桥、地铁、地下商场、地下通道、地下车库、地下室等；
3. 电线杆、配电箱和高压线塔，以及带灯牌的公交站等。

16

来不及转移的人请不要携带过多物品，迅速向附近山冈、坚固的屋顶、楼房高层、附近大树等高处转移，暂时避险，并收集可漂浮的东西备用，等待救援。

如果多人一起避险，只留一台手机开机，与外界保持联系，其他手机关机备用。如果无法拨打 119 求救，听到动静或见到搜救人员，白天可利用眼镜片等反光或挥动鲜艳衣物引起注意，夜晚可使用手电筒或火光发出求救信号。

如果水位上涨太快，淹没了临时避险地，请寻找并使用可漂浮的东西，向最近的安全地点转移。注意节省手机电量，及时拨打 119 求救。

如果溺水人员呼吸、心跳停止，立即进行人工呼吸和胸外心脏按压。

24

让溺水人员仰卧在较硬的平面上，施救者两手掌根重叠，用力按压其胸骨中、下1/3处，下压深度为5～6厘米，按压频率为100～120次/分钟。胸外心脏按压15次后，迅速进行两次人工呼吸。

做人工呼吸时，将溺水人员的下颌托起，捏住他的鼻孔；施救者深吸气后，口唇紧包溺水人员的嘴巴，用力将气吹入，看到他胸壁扩张后停止吹气，松开他的鼻子，并按压胸膛帮助他呼气，如此反复进行。

洪涝灾害破坏了生态环境，容易引起传染病的流行

1. 请到指定区域倒垃圾及大小便。

2. 只饮用矿泉水或营地提供的纯净水。

3. 勤洗手，只使用干净消毒过的餐具，不交叉使用洗漱用品和餐具。

4. 不吃淹死的猪、羊、牛、鸡等动物，不吃生冷食物和剩菜剩饭。

5. 做好灾区防鼠灭鼠、防蝇灭蝇、防蚊灭蚊、防螨灭螨等工作，动物尸体要处理后再深埋。

6. 接触污水或动物尸体要穿戴防护用品，如橡胶手套、专业防护服等。

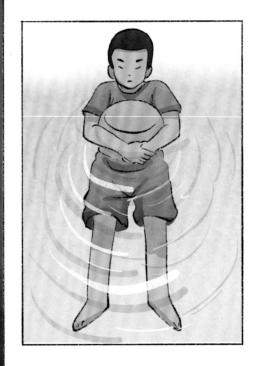

困在洪水中不会游泳怎么办

塑料盆自救：将塑料盆反扣，双手环抱盆体，仰浮在水中。使用小型漂浮物都要采用此种抱住仰浮的方式。

空塑料瓶救生衣：尽量收集空塑料瓶，用绳子将其固定在身体上，利用空塑料瓶的浮力自救。曾有救援试验证明，大约15个空塑料瓶就可以让一个成年人浮起来。

绝境自救：水中低头抱膝团身，确定上下方位，闭气快速脱下长裤；将头伸出水面，把裤腿绕到脖子后面打结；抓住裤腰下边缘，从上往下兜住空气并扎紧裤腰；环抱裤子仰面漂浮，等待救援。

如果多人落水，要纵队涉水，体力相对弱的应站在中间；行走时重心前移，后面人扶着前面人的腰部；最前面的人用木棍探路确认安全，带领大家向安全地带转移。

我们也可以帮助灾区的小朋友。

如何防洪减灾？

修筑堤防，约束水流

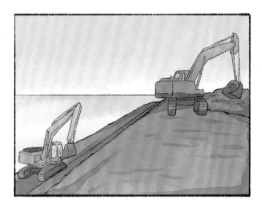

建水库，调蓄洪水

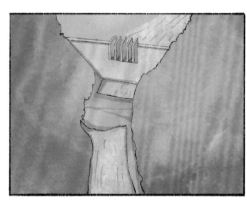

建立洪水监测和预报系统

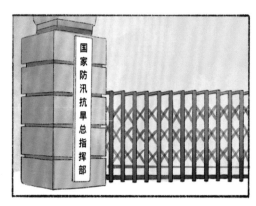

建造水闸，控制洪水

利用蓄滞洪区，
减轻河道行洪压力

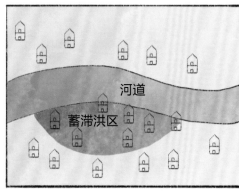

建立排水系统，排除洪涝积水

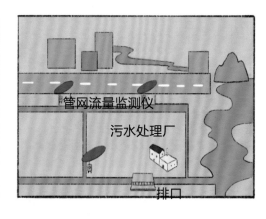

中国七大河流汛期：珠江4—9月，长江5—10月，淮河6—9月，黄河6—10月，海河6—9月，辽河6—9月，松花江6—9月。

4月	5月	6月	7月	8月	9月	10月

珠江

长江

黄河

淮河、海河、辽河、松花江

汛期不一定会形成洪涝灾害，但洪涝灾害一般都发生在汛期。

我国的洪涝灾害主要有暴雨洪水、融雪洪水、冰凌洪水、溃坝洪水、山洪灾害、风暴潮灾害等。

中国水系图

黑龙江

松花江

额尔齐斯河

黄河

辽河

塔里木河

淮河

雅鲁藏布江

长江

怒江

澜沧江

珠江

图书在版编目（CIP）数据

揭秘洪水 / 海水焰著, 田野绘. -- 长春 : 吉林科学技术出
版社, 2024.8
（自然灾害知识绘本）
ISBN 978-7-5744-1339-9

Ⅰ.①揭… Ⅱ.①海… ②田 Ⅲ.①洪水—儿童读物 Ⅳ.
①P331.1-49

中国国家版本馆CIP数据核字(2024)第097929号

自然灾害知识绘本　揭秘洪水
ZIRAN ZAIHAI ZHISHI HUIBEN JIEMI HONGSHUI

著　　者	海水焰
绘　　者	田　野
出 版 人	宛　霞
策 划 人	张晶昱
责任编辑	周　禹
策划编辑	宿迪超
制　　版	长春美印图文设计有限公司
封面设计	长春市星客月客动漫设计有限公司
幅面尺寸	226 mm × 240 mm
开　　本	12
字　　数	32千字
印　　张	3
印　　数	1-5 000册
版　　次	2024年8月第1版
印　　次	2024年8月第1次印刷

出　　版　吉林科学技术出版社
发　　行　吉林科学技术出版社
地　　址　长春市福祉大路5788号出版集团A座
邮　　编　130118
发行部电话/传真　0431-81629529　81629530　81629531
　　　　　　　　　　81629532　81629533　81629534
储运部电话　0431-86059116
编辑部电话　0431-81629378
印　　刷　吉林省吉广国际广告股份有限公司

书　　号　ISBN 978-7-5744-1339-9
定　　价　39.90元
如有印装质量问题　可寄出版社调换